AF586197

PRINCIPAUX TRAVAUX DU MÊME AUTEUR :

Les Insectes phosphorescents, avec 4 pl. chromolithographiées, Rouen, Léon Deshays, 1881.

Comptes-rendus des 19e, 20e, 21e, 22e *et* 23e *réunions des Délégués des Sociétés savantes à la Sorbonne (Sciences naturelles),* 1881, 1882, 1883, 1884 *et* 1885, in Bull. Soc. Amis Sciences natur. de Rouen, 1er sem. des années 1881, 1882, 1883, 1884 et 1885. (Le dernier avec 3 pl. en héliogravure et 1 pl. en couleur).

Liste générale des Mammifères sujets à l'albinisme, par Elvezio Cantoni, traduction de l'italien et additions, in Bull. Soc. Amis Sciences natur. de Rouen, 1er sem. 1882.

De l'action du mouron rouge sur les oiseaux, in Compt.-rend. hebdom. séanc. Soc. de Biologie (séance du 8 juillet 1882).

De l'action du persil sur les Psittacidés, in Compt.-rend. hebdom. séanc. Soc. de Biologie (séance du 20 janvier 1883).

De l'action du persil sur les Psittacidés (nouvelles expériences et Notes complémentaires). Rouen, Léon Deshays, 1883.

De la structure des plumes et de ses rapports avec leur coloration, par le Dr Hans Gadow, de Cambridge (Angleterre), traduit de l'anglais et annoté, in Bull. Soc. Amis Sciences natur. de Rouen, 1er sem. 1883, avec 1 pl. lithographiée.

(Voir la suite au recto de la dernière page)

CAUSERIES
SUR LE
TRANSFORMISME

I
Exposé de la doctrine transformiste

La Nature, ou la matière dans son ensemble, est la mère de tout ce qui est, tirant tout d'elle-même pour tout reprendre ensuite.

(Louis Büchner).

Conférence faite à la Société d'Étude des Sciences naturelles d'Elbeuf (séance du 4 novembre 1885)

PAR

Henri GADEAU DE KERVILLE

Membre de cette Société

ELBEUF

Imprimerie ALLAIN et LECLER, 3, rue Saint-Jacques.

1885

CAUSERIES
SUR
LE TRANSFORMISME

I

Exposé de la doctrine transformiste

Conférence faite à la Société d'Etude des Sciences naturelles d'Elbeuf (séance du 4 novembre 1885)

PAR

HENRI GADEAU DE KERVILLE

Membre de cette Société.

Messieurs,

Au commencement de ce siècle, en 1809, (1) parut un ouvrage où se trouvaient exposés les principes d'une théorie qui devait avoir, par la suite, une influence considérable sur les progrès de l'esprit humain. Cet ouvrage était la *Philosophie zoologique*; il avait pour auteur le naturaliste français Lamarck. Dans ce livre, Lamarck formulait pour la première fois, d'une manière scientifique, la théorie de l'évolution, c'est-à-dire la théorie qui soutient que toutes les espèces végétales et animales, y compris l'hom-

---

(1) C'est en 1801 que Lamarck a fait connaître, pour la première fois, ses idées sur l'évolution des êtres vivants.

me lui-même, n'ont pas été créées séparément, mais qu'elles proviennent toutes les unes des autres ; cette transformation se produisant d'une manière très-lente et sous l'influence de causes particulières sur lesquelles j'aurai à m'expliquer longuement. Les principes posés par Lamarck, d'une haute portée philosophique, bien qu'ils ne soient pas toujours en harmonie avec les faits connus, servirent de prétexte à des railleries de tout genre, furent tournés en ridicule, et finalement oubliés ; c'est ainsi que l'on accueille souvent les idées géniales.

Une vingtaine d'années plus tard, en 1830, l'Académie des Sciences de Paris fut le théâtre de débats mémorables qui s'élevèrent, sur ce grave sujet, entre deux hommes d'un puissant génie, Etienne-Geoffroy-Saint-Hilaire et Cuvier ; le premier, partisan convaincu de la variabilité des espèces, le second de leur fixité. Après de nombreuses discussions relatives à ces deux doctrines, soutenues de part et d'autre avec un incomparable talent, la victoire resta enfin à Cuvier, ennemi déclaré de la philosophie scientifique. Et cette victoire fut si grande, que durant trente années consécutives, les naturalistes ne s'occupèrent que de l'étude des faits, sans chercher à en déduire des conclusions générales.

Pendant cette dernière période, un homme qui devait laisser dans la science une trace lumineuse, le naturaliste anglais Charles Darwin, réunissait patiemment des matériaux considérables, coordonnait les multiples faits recueillis en un corps de doctrine, et faisait paraître, en 1859, son ouvrage sur *L'origine des Espèces*. Ce livre souleva d'innombrables et ardentes discussions. On en fit des critiques à tous les points de vue, très-souvent les questions religieuses y furent mêlées, et les nombreux ennemis de cette doctrine nouvelle cherchèrent à la saper par tous les moyens possibles. Mais il était trop tard. Cette doctrine répondait trop bien à l'impérieux besoin qu'éprouvent les intelligences de se rendre compte de tous les phénomènes naturels, sans recourir au miracle ou à des explications analogues, et elle fut définitivement établie. Darwin compléta ses idées philosophiques dans d'autres ouvrages, devenus célèbres ; et au moment de sa mort (21 avril 1882), il eut la vive et légitime satisfaction de voir la doctrine transformiste adoptée par un très-grand nombre de naturalistes, qui la confirmaient de plus en plus par de savants travaux. Aujourd'hui, on peut dire, sans crainte d'exagération, que la plupart des naturalistes qui ne sont pas aveuglés par des idées religieuses ou métaphysiques préconçues, admettent la théorie darwinienne, théorie qui donne une explication simple et rationnelle de l'origine de tous les êtres vivants.

Telles sont les phases principales qu'a parcourues la doctrine transformiste, en laissant de côté, pour l'instant, les savants qui l'avaient pressentie et ceux qui la défendent actuellement contre ses derniers contradicteurs.

Le transformisme, ou doctrine de l'évolution, est certainement connu de vous tous, Messieurs, car il en est sans cesse question dans les travaux et les conversations scientifiques. Néanmoins, j'ai pensé qu'il ne serait peut-être pas inutile de vous rappeler les points principaux de cette doctrine. J'essaierai donc de traiter tous les deux mois, en six causeries, les questions les plus importantes que soulève le transformisme.

Aujourd'hui, si vous le permettez, je ferai l'exposé de la doctrine transformiste, puis je parlerai successivement de l'historique et des progrès de cette doctrine, de la variation des animaux et des plantes, de l'origine de l'homme, du transformisme expérimental, et, finalement, de l'ensemble des idées transformistes, de leurs diverses applications, et des principales objections qu'on peut leur opposer.

Ces quelques considérations préliminaires étant données, j'arrive maintenant à mon sujet.

Si une personne examine de près les êtres vivants que l'on rencontre à chaque pas sur notre planète, elle est immédiatement frappée de la variété inouïe des espèces animales et végétales qui vivent sur le sol ou qui habitent l'océan. Mais si cette personne, au lieu d'être un observateur superficiel, se contentant de regarder ou d'admirer sans essayer de comprendre, est douée, au contraire, d'un esprit investigateur, elle cherchera de suite à se rendre compte d'où provient cette immense quantité d'animaux et de végétaux si variés. En d'autres termes, elle essaiera de pénétrer le prétendu mystère de l'origine des espèces. Ce problème est un de ceux qui ont le plus captivé les grandes intelligences. Des milliers d'hommes se l'étaient déjà posé depuis nombre de siècles, sans pouvoir le résoudre d'une manière satisfaisante pour la raison, et ce sera la gloire de notre époque d'en avoir donné une solution simple et rationnelle, en invoquant seulement les données précises de la science.

Pour expliquer l'origine des êtres vivants, les naturalistes et les philosophes ont eu recours à différentes hypothèses qui peuvent se résumer dans les deux suivantes : 1° toutes les espèces animales et végétales ont été l'objet de créations séparées ; 2° toutes ces espèces proviennent les unes des autres. Voici, d'ailleurs, les cinq hypothèses principales que l'on a faites sur ce sujet; les autres n'étant que des modifications légères de ces cinq hypothèses.

1° Toutes les espèces animales et végétales ont été l'objet de créations distinctes, dès que la vie fut possible à la surface de notre globe, et elles se sont perpétuées en totalité ou en partie jusqu'à nos jours ;

2° Une immense quantité d'êtres vivants, primitivement créés, ont été détruits, totalement ou partiellement, par des cataclysmes soudains et généraux, puis créés une seconde fois, détruits de nouveau, et ainsi de suite ; ces bouleversements et ces créations nouvelles se produisant à chaque grande période géologique. — Cette hypothèse est la célèbre théorie des révolutions du globe et des créations successives, de Cuvier ;

3° L'ensemble des espèces animales et végétales ont été créées à l'origine, mais quelques-unes d'entre elles s'éteignent à certains moments, tandis que d'autres surgissent spontanément pour les remplacer, grâce à une action spéciale et inexpliquée. De cette façon, notre globe présente toujours des faunes et des flores très-riches en espèces, mais ces faunes et ces flores sont d'autant plus dissemblables entre elles qu'on les examine à des époques plus éloignées l'une de l'autre ;

4° Notre planète, qui ne possédait originellement aucun être vivant, a été peuplée de toutes nos espèces animales et végétales, grâce à la rencontre fortuite d'un astre errant à la surface duquel ces mêmes espèces existaient déjà ;

5° Enfin, toutes les espèces animales et végétales, qui ont existé ou qui existent encore, sont le résultat du développement graduel et successif de plusieurs ou même, par analogie, d'un seul organisme primordial extrêmement simple. Ce résultat étant produit par l'action de causes naturelles, qui ont agi d'une manière lente et continue, pendant une très-longue série de siècles. — Cette dernière hypothèse est celle du transformisme.

Après avoir formulé ces cinq hypothèses, nous allons maintenant les reprendre l'une après l'autre, pour les examiner et les discuter.

La première peut être réfutée en quelques mots.

— Si toutes les espèces actuellement vivantes n'étaient autres que les espèces originelles, qui se seraient perpétuées sans se modifier jusqu'à notre époque, il est de toute évidence que nous retrouverions ces mêmes espèces à l'état fossile, dans les différentes couches géologiques. Or, tous ceux qui ont la plus légère notion d'histoire naturelle savent que les animaux et les végétaux, qui ont vécu aux diverses périodes géologiques, sont entièrement différents de ceux de l'époque actuelle. Cette explication de l'origine des espèces, donnée dans la Bible, est donc en opposition évidente avec la totalité des faits connus.

La seconde hypothèse, celle des révolutions du globe et des créations successives, doit être examinée longuement, car, établie et enseignée par Cuvier, elle a régné longtemps dans la science en maîtresse absolue, et elle compte encore, aujourd'hui, quelques rares partisans.

Laissons la parole à Cuvier lui-même. « Il est bien important de remarquer, dit cet illustre naturaliste (1), en parlant des irruptions et des retraites successives des eaux, qui se sont produites à la surface de notre globe, que ces irruptions, ces retraites répétées, n'ont point toutes été lentes, ne se sont point toutes faites par degrés. Au contraire, la plupart des catastrophes qui les ont amenées ont été subites ; et cela est surtout facile à prouver pour la dernière de ces catastrophes, pour celle qui, par

(1) Cuvier. — *Discours sur les révolutions du globe*, Paris, Firmin-Didot et Cie, 1877, p. 10.

un double mouvement, a inondé et ensuite remis à sec nos continents actuels, ou, du moins, une grande partie du sol qui les forme aujourd'hui. Elle a laissé encore, dans les pays du Nord, des cadavres de grands Quadrupèdes que la glace a saisis, et qui se sont conservés jusqu'à nos jours avec leur peau, leur poil et leur chair. S'ils n'eussent été gelés aussitôt que tués, la putréfaction les aurait décomposés. Et d'un autre côté, cette gelée éternelle n'occupait pas auparavant les lieux où ils ont été saisis, car ils n'auraient pas pu vivre sous une pareille température. C'est donc le même instant qui a fait périr les animaux et qui a rendu glacial le pays qu'ils habitaient. Cet événement a été subit, instantané, sans aucune gradation, et ce qui est si clairement démontré pour cette dernière catastrophe, ne l'est guère moins pour celles qui l'ont précédée. Les déchirements, les redressements, les renversements des couches plus anciennes ne laissent pas douter que des causes subites et violentes ne les aient mises en l'état où nous les voyons. Et même la force des mouvements qu'éprouva la masse des eaux est encore attestée par les amas de débris et de cailloux roulés qui s'interposent en beaucoup d'endroits entre les couches solides. La vie a donc souvent été troublée sur cette terre par des événements effroyables. Des êtres vivants sans nombre ont été victimes de ces catastrophes. Les uns, habitants de la terre sèche, se sont vus engloutis par des déluges; les autres, qui peuplaient le sein des eaux, ont été mis à sec avec le fond des mers subitement relevé. Leurs races mêmes ont fini pour jamais, et ne laissent dans le monde que quelques débris à peine reconnaissables pour le naturaliste ».

Cuvier affirme donc de la manière la plus formelle, dans cet important paragraphe, que des cataclysmes terribles, subits et généraux, ont bouleversé notre globe à différentes reprises. Il passe ensuite en revue les diverses forces qui agissent actuellement sur notre planète, et cherche à déterminer l'étendue possible de leurs effets sur les révolutions du globe. Après avoir étudié successivement, dans des chapitres spéciaux, l'action des éboulements, des alluvions, des dunes, des dépôts sous les eaux, des volcans, etc., il reconnait que toutes ces actions, qui se manifestent encore sur notre globe, ne sauraient être suffisantes pour produire les cataclysmes dont son écorce nous montre les traces. Cuvier examine encore, mais sans s'y arrêter, l'action des changements de position de l'axe terrestre sur les révolutions soudaines du globe, car des actions d'une telle lenteur ne sauraient produire des effets subits.

« Sans aucun doute, dit Edmond Perrier, dans un excellent ouvrage (1), si Cuvier avait été moins pénétré de l'infirmité de notre intelligence aux prises avec la nature. S'il avait été moins convaincu de l'inanité des systèmes de Leibnitz et de Buffon, dont il a bien fallu, en définitive, reprendre quelque chose. S'il avait

(1). Edmond Perrier. — *La Philosophie zoologique avant Darwin*. Paris, Félix Alcan, 1884, p. 117.

eu moins de dédain pour les conceptions générales, Cuvier eût hésité à croire qu'une région du globe avait pu être instantanément plongée d'une température torride dans une température glaciale. Il se serait demandé si vraiment les Eléphants et les Rhinocéros, trouvés en Sibérie, étaient bien organisés pour vivre dans les pays chauds, où sont actuellement confinées les espèces analogues. Son attention se serait portée sur leur épaisse toison. Peut-être aurait-il découvert, comme on l'a définitivement constaté aujourd'hui, que les Mammouths vivaient au milieu de troupeaux de Rennes ; que c'étaient des animaux des pays froids, que par conséquent, au moment où ils étaient morts, la Sibérie n'avait pas été brusquement couverte de glace, mais l'était déjà depuis longtemps. Quelque doute serait entré dans son esprit, relativement à la soudaineté des cataclysmes qu'il croyait deviner. Peut-être même ces cataclysmes lui auraient-ils paru improbables. Les idées de Lamarck et d'Etienne Geoffroy-Saint-Hilaire, relativement à la lenteur des changements qui se sont produits à la surface du globe, auraient pu se faire jour, et l'on n'aurait pas vu s'établir dans la science une méthode de raisonnement qui pèse encore lourdement sur diverses branches de l'histoire naturelle ».

« En résumé, poursuit le même auteur (1), Cuvier croit fermement à des bouleversements soudains et très-généraux de la surface du globe. Ces bouleversements détruisent la plus grande partie des

(1) *Op. cit.*, p. 121.

espèces vivant dans la région où ils se produisent. Plus tard, ces espèces sont remplacées par d'autres, pouvant venir des régions qui ont été épargnées. Une création nouvelle n'est donc pas nécessaire après chaque cataclysme ; cependant elle est possible, et il est, en tout cas, certain que les différentes classes du règne animal ont apparu, ou, si l'on veut, ont été créées successivement. Les espèces marines ont pu être, en partie, épargnées par les événements qui agitaient la surface de la terre émergée ; mais la composition des eaux ayant sans aucun doute subi, dans la suite des temps, de nombreux changements, l'ensemble des espèces habitant une localité donnée a éprouvé des modifications correspondantes. Telle est la théorie de Cuvier. Elle a été exagérée, comme il arrive d'ordinaire, par quelques-uns de ses disciples, dont plusieurs ont admis, comme un dogme inébranlable, l'hypothèse de créations successives, ou plus exactement de créations spéciales à chaque grande période géologique ».

Aujourd'hui, il n'est plus possible d'admettre la théorie des révolutions du globe. L'illustre géologue anglais, Charles Lyell, a démontré péremptoirement et en détail, dans ses *Principes de Géologie*, à l'aide d'arguments géologiques trop nombreux pour les énumérer ici, que les révolutions du globe n'ont jamais eu un caractère *général*, mais simplement *local*, et que tous les arguments invoqués par Cuvier n'avaient en aucune façon la portée qu'il leur attribuait. L'ensemble des forces qui se manifestent actuellement à la surface ou dans l'intérieur de la terre sont identiques à celles qui ont déterminé toutes les grandes modifications géologiques, en agissant avec lenteur, mais pendant un nombre considérable de siècles. Et Lyell ajoute que cette évolution s'accomplit si lentement, d'une façon tellement imperceptible, que notre expérience et notre observation, bornées dans la durée, n'en peuvent constater directement les résultats.

Si j'ai tant insisté sur cette hypothèse des révolutions du globe et des créations successives, qui est en opposition manifeste avec les faits connus, c'est parce que cette hypothèse avait été imaginée, défendue et enseignée par le grand Cuvier, et qu'elle a été considérée pendant fort longtemps comme l'expression même de la vérité.

J'arrive maintenant à la troisième hypothèse, celle qui soutient, qu'à certains moments, différentes espèces animales et végétales s'éteignent, tandis que d'autres surgissent spontanément, par l'effet de causes inconnues. Il suffit d'invoquer le bon sens le plus vulgaire pour réfuter cette bizarre théorie. Supposer qu'un être vivant, tel qu'un Ver de terre, une Mouche, une Carpe, un Léopard, puisse surgir tout à coup sur la terre, sans aucune préparation, par le simple concours de forces au sujet desquelles on ne donne aucun renseignement, c'est sortir du domaine de la science pour entrer dans celui de la pure fantaisie.

Certes, il y a des espèces qui s'éteignent, mais ces

espèces sont celles qui n'étant pas suffisamment bien douées pour résister à leurs ennemis, sont fatalement anéanties par eux. Comme exemples de ces disparitions, relativement peu éloignées de nous, on peut citer ces énormes oiseaux, tels que les *Æpyornis*, à Madagascar ; les *Dinornis* et les *Palapteryx*, à la Nouvelle-Zélande, etc. Privés d'ailes, ces oiseaux ne pouvaient échapper par le vol aux animaux qui en faisaient leur nourriture, et ils ont fini par disparaître complètement. Il en serait de même aujourd'hui des Autruches et des Casoars, qui ne tarderaient pas à s'éteindre entièrement, si l'Homme, auquel ils sont utiles, ne les protégeait pas d'une manière efficace.

D'un autre côté, les animaux qui résistent le mieux dans l'incessant combat pour la vie, grâce à des avantages physiques ou moraux, augmentent forcément en nombre, en accentuant et en transmettant ces modifications avantageuses à leurs descendants. Mais cette lutte pour l'existence s'exerce de même dans le règne végétal, comme l'avait déjà démontré, dès 1820, le grand botaniste Aug. de Candolle. Il en résulte donc que la richesse en espèces des faunes et des flores reste relativement la même, bien que ces faunes et ces flores soient de moins en moins semblables entre elles, et sans qu'il soit besoin, pour expliquer ces faits, d'admettre l'apparition brusque et jamais observée d'un certain nombre d'êtres vivants.

La quatrième hypothèse, celle de l'ensemencement de la terre par un astre errant pourvu d'animaux et de végétaux, qui aurait rencontré fortuitement notre globe, est quelque peu fantaisiste, et à peine soutenable. Si nous admettons qu'un astre errant ait pu donner à notre planète, jusqu'alors inhabitée, toutes nos espèces animales et végétales, il reste encore à expliquer comment cet astre lui-même a été peuplé de ces mêmes espèces. Nous devons donc repousser cette hypothèse singulière, parce qu'elle recule inutilement le problème qui nous occupe, sans concourir en rien à sa solution.

Nous n'avons plus alors que la dernière hypothèse, celle du transformisme, qui prétend que toutes les espèces animales et végétales dérivent les unes des autres, sous l'action de causes naturelles, agissant très-lentement, pendant des milliers de siècles.

Les trois premières hypothèses, basées sur des idées métaphysiques, ont ce caractère commun qu'elles admettent des créations dont elles ne donnent aucune explication, la quatrième recule inutilement et complique encore le problème de l'origine des espèces, tandis que le transformisme résout ce problème d'une manière précise, et cela en invoquant simplement les forces naturelles que nous observons tous les jours. Le transformisme a donc seul le caractère de théorie scientifique.

Si le raisonnement et la logique nous conduisent à n'admettre comme possible, pour expliquer l'origine des espèces, que la doctrine de l'évolution, nous devons maintenant dire comment les espèces ont pu provenir les unes des autres, quelles sont les causes de ce perfectionnement des organismes, et quels sont les agents producteurs de ces transformations si variées.

Semblable à toutes les grandes vérités scientifiques, le transformisme repose sur des faits extrêmement simples — *simplex veri sigillum*, la simplicité est le sceau de la vérité. Il est basé sur l'action réciproque de l'*hérédité* et de l'*adaptation* d'une part, et de l'autre de la *sélection naturelle*, résultant de la *lutte pour l'existence*.

Chacun sait qu'en vertu d'une force qui a résisté jusqu'alors à l'analyse, l'hérédité, l'ensemble des caractères organiques des parents se transmettent à leurs descendants, aussi bien dans le règne animal que dans le règne végétal. En d'autres termes, tous les organismes tendent à reproduire des individus identiques à eux-mêmes, possédant leurs qualités comme leurs défauts ; et c'est à de telles séries d'organismes semblables que l'on a donné le nom d'*espèces*. Mais, à côté de l'hérédité, existe une adaptation liée aux conditions si variées du sol, de l'alimentation, de la température, etc., adaptation qui détermine des variations individuelles, souvent à peine appréciables, et qui est la cause de ce fait non discuté que deux animaux ou deux végétaux d'une même espèce ne se ressemblent jamais d'une manière absolue, dans la totalité de leurs organes. Si donc des actions particulières agissent de façon à augmenter peu-à-peu ces variations individuelles, il s'ensuivra nécessairement, en vertu des lois de l'hérédité, que ces variations se transmettront aux descendants de ces animaux et de ces végétaux, lesquels différeront de plus en plus de leurs ancêtres. Ainsi, en prouvant qu'il existe des actions capables de modifier les espèces, considérées jusqu'alors comme immuables et résultant d'un acte créateur spécial, nous aurons démontré le transformisme.

Ces actions particulières, qui agissent d'une manière lente et continue pendant des espaces de temps considérables, et qui déterminent l'évolution des espèces, sont le résultat de la *sélection naturelle*, produite par la *lutte pour l'existence* ou *combat pour la vie*, principe sur lequel, Messieurs, je prends la liberté d'appeler toute votre attention.

Celui qui observe un peu la nature voit qu'il s'y livre sans cesse des luttes et des combats acharnés, d'où résulte un perpétuel anéantissement de la vie. Les insectes, qui rongent les plantes, sont mangés par les oiseaux ; les poissons se nourrissent de vers, de crustacés et de mollusques ; puis, finalement, les poissons et les oiseaux sont dévorés par des mammifères, lesquels se livrent entre eux des guerres incessantes. Lorsque nous entendons, au crépuscule, le chant mélodieux du Rossignol, lorsque nous voyons les Hirondelles venir faire leur nid sous nos toits, nous devons nous souvenir que ces charmants oiseaux ne peuvent vivre sans semer continuellement la mort dans le monde des insectes. Et nous devons nous rappeler également que ces oiseaux eux-mêmes ont eu à lutter, depuis leur naissance, contre des obstacles et des dangers de tout genre, qui ont causé la mort d'un grand nombre de leurs pareils.

L'expérience montre que les animaux et les végétaux sont doués d'une faculté de reproduction et d'une fécondité beaucoup plus grandes que ne le comportent la quantité de nourriture disponible et l'étendue de la terre où ils vivent. Ainsi, pour citer quelques exemples de ce fait, on a calculé qu'un seul infusoire du genre *Paramaecium* fournissait, en quarante-deux jours, une descendance de un million 384.416 individus nouveaux. Cet animalcule, qui n'a que deux dixièmes de millimètre de longueur, avait donc, au bout de quarante-deux jours, une descendance longue de 276 m. 88. J'ai calculé, de même, qu'une femelle de certaines espèces de Pucerons, qui met au monde environ quatre-vingt-dix petits, et dont les générations annuelles sont parfois au nombre de onze, donnerait naissance dans ces conditions, pendant une seule année, au chiffre énorme de plus de trois quintillions de Pucerons. Et mon calcul est effectué en supposant que la moitié seulement des individus soient des femelles, et en admettant, en outre, que tous les individus meurent immédiatement après avoir reproduit. On sait, d'autre part, qu'une Huître féconde produit annuellement plus d'un million d'individus. Parmi les poissons; on a trouvé plus de 200.000 œufs chez une Carpe; 380.000 chez une Perche fluviatile; et plus de sept millions chez un Esturgeon. Dans le règne végétal, des observateurs ont évalué à 32.000 le nombre de graines d'un pied de Pavot; à 40.000

celles d'un pied de Tabac; et à 100.000 celles portées sur un seul Orme. Que l'on songe à quel chiffre formidable s'élèverait le nombre de ces animaux et de ces végétaux au bout d'un siècle, si tous avaient pu se développer entièrement.

« Et ce n'est pas là un simple calcul, dit Louis Büchner (1), mais bien un fait réel. Nous avons, en effet, à notre portée, des exemples intéressants d'espèces qui ont pu, ne rencontrant pas d'obstacles sérieux, se multiplier dans des proportions colossales. Ainsi, les Chevaux et les Taureaux sauvages, qui paissent en troupeaux innombrables dans les vastes plaines de l'Amérique du Sud, proviennent d'un petit nombre de couples amenés d'Europe, lors de la conquête espagnole..... On trouve aux Indes-Orientales des plantes dont l'introduction date seulement de la découverte de l'Amérique, et qui s'étendent déjà du Cap Comorin à l'Himalaya.

« Cette immense fécondité se trouve contrariée et limitée par plusieurs causes. C'est, d'une part, la concurrence qui s'engage entre les divers individus ; c'est aussi la défectuosité des conditions extérieures de la vie, et enfin, provoqué par cette double condition, le combat ou la lutte pour l'existence, lutte active ou passive, suivant qu'elle est engagée avec d'autres êtres rivaux ou qu'elle est soutenue contre les forces brutales de la nature. Darwin nous rap-

(1) Louis Büchner. — *Conférences sur la théorie darwinienne*, traduit de l'allemand d'après la seconde édition, par Auguste Jacquot, Paris, Reinwald, 1869, p. 29.

pelle que la nature sème les germes d'une main prodigue, mais qu'une immense quantité de ces germes n'atteignent pas leur développement. Il en périt sans cesse des millions. L'abondance et la sérénité frappent surtout nos regards, mais sous ces dehors s'agite une lutte incessante, dans laquelle sont déchaînées toutes les forces d'anéantissement et de destruction. »

Nous voyons donc que les animaux et les végétaux soutiennent un perpétuel combat pour l'existence, combat qui est forcément d'autant plus acharné, que les espèces ont entre elles plus d'analogies, parce qu'ayant les mêmes appétits et les mêmes mœurs, elles se rencontrent sans cesse sur le même champ commun. En outre, il est de toute évidence que,dans cette lutte, les espèces qui auront le plus de chances de remporter la victoire seront celles qui se distingueront de leurs adversaires par quelques avantages physiques ou moraux. Ces avantages sont des plus divers. Ils peuvent être : pour l'individu, la grandeur ou la petitesse, la résistance au jeûne ou aux températures extrêmes, la couleur, la rapidité de la course ou du vol, la vigueur, la nature des moyens d'attaque et de défense, l'habileté dans la recherche de la nourriture, la ruse, la perfection des instincts, etc.; pour l'espèce, une fécondité plus grande, une faculté d'adaptation plus rapide et plus complète au milieu ambiant, etc. Dès que l'un de ces avantages se sera produit chez un individu quelconque, il se transmettra par hérédité de génération en génération, en s'accentuant de plus en plus, puisqu'il est d'une grande utilité à l'individu dans la lutte pour l'existence. Nous arrivons de cette manière à la formation des variétés, qui ont si souvent embarrassé, je dirai même contrarié, les naturalistes classificateurs convaincus de l'immutabilité des espèces.

Vous savez tous, Messieurs, combien certains animaux et certaines plantes sont sujettes à des variations, produites par la lutte pour l'existence ou par l'action du milieu ambiant. Au premier rang se placent toutes les variétés locales. Parmi les animaux, nous pouvons citer beaucoup d'insectes (Coléoptères, Lépidoptères, etc.), un certain nombre de mollusques, notamment l'Hélice némorale, etc., etc. Parmi les plantes, les Roses, les Ronces, les Saules, les *Hieracium*, etc., etc. Tantôt ces variations sont considérées comme de véritables espèces, tantôt comme de simples variétés. Ainsi, pour en donner un exemple, Nægeli estime à trois cents le nombre des espèces de *Hieracium* croissant en Allemagne, Fries en énumère cent-six, Koch cinquante-deux, tandis que d'autres botanistes en admettent à peine vingt. D'ailleurs, n'avons-nous pas vu tout récemment un autre botaniste, partisan à outrance de l'école analytique, M. Michel Gandoger (1), décrire quatre mille deux cent soixante-six espèces de

(1) Michel Gandoger. — *Tabulae rhodologicae europaeo-orientales locupletissimae*, in *Bull. de la Soc. des Amis des Scienc. natur. de Rouen*, 2e semest. 1881, p. 233, et 1er semest. 1882, p. 33.

Roses européennes et orientales poussant à l'état spontané. Par ce désastreux système, on arrive à faire de la botanique une science fastidieuse et inabordable.

De ces faits résultent d'interminables et stériles discussions entre les naturalistes, pour savoir si deux formes quelconques sont deux variétés d'une même espèce ou deux espèces différentes. Ces discussions sont d'autant plus longues qu'on ne peut avoir recours, que dans un très-petit nombre de cas, au seul critérium que nous ayons de l'espèce, bien qu'il ne soit pas absolu, celui de la fécondité. En effet, on est convenu de considérer comme appartenant à la même espèce deux individus qui se reproduisent entre eux, et comme appartenant à des espèces distinctes deux individus chez lesquels la reproduction n'est pas possible, ou donne tout au plus naissance à des produits stériles. A ce propos, il est important de faire remarquer que chez les animaux privés de sexes, et qui se reproduisent par division, comme les Monères, les Foraminifères, un grand nombre d'Eponges, etc., il n'y a point d'espèces proprement dites, mais des séries de formes absolument continues, comme le démontrent péremptoirement les recherches de W. B. Carpenter, d'Haeckel, d'Oscar Schmidt, et d'autres naturalistes encore.

La formation des variétés, pour qui sait l'observer et en déduire les conséquences logiques, est une preuve évidente du transformisme. Les variétés s'écartent peu à peu du type primitif, puisqu'elles sont naturellement poussées à augmenter les modifications qui leur sont avantageuses dans la lutte pour l'existence, en transmettant ces modifications par hérédité, de génération en génération. Mais ces modifications atteignent également, comme on l'a victorieusement prouvé, les parties essentielles de l'organisation. Il arrivera donc un moment où deux variétés ne se reproduiront plus entre elles, lorsque les modifications auront affecté suffisamment les éléments reproducteurs et les organes génitaux pour rendre la reproduction impossible ou, tout au plus, pour donner naissance à des individus stériles. Ces deux variétés seront alors devenues deux espèces distinctes. Nous avons des exemples de ce fait. Ainsi, les Chats domestiques primitivement introduits au Paraguay, y ont tellement changé, que les Chats venus plus récemment d'Europe ne s'accouplent pas avec eux sans répugnance. Le Lapin, qui au quinzième siècle fut importé d'Europe à Porto-Santo, près de Madère, a subi de telles modifications que maintenant il ne donne plus de produits avec les races de Lapins européens, etc.

En résumé, dans la pensée de Darwin et de tous les transformistes, les variétés sont des espèces en voie de formation.

Considérons une espèce quelconque, que nous désignerons par la lettre A. Cette espèce, en vertu de l'hérédité, donnera naissance à des individus A. Mais comme il n'y a jamais une ressemblance absolue entre tous les individus d'une même génération, fait que personne ne met en doute et qui prouve qu'il y a des caractères organiques variant pour ainsi dire spontanément, nous pouvons prendre, comme point de départ, des variations aussi petites que l'on voudra, produites chez trois individus A. Ces variations étant, je suppose, chez l'un, une taille un peu plus forte, chez l'autre, une couleur plus en rapport avec le milieu où il vit, chez le troisième un développement plus grand des organes locomoteurs. L'individu qui est plus fort que les autres résistera mieux dans le combat pour la vie. Celui qui, dans un terrain sablonneux par exemple, aura une couleur plus en rapport avec celle du sol, sera mieux dissimulé, et, par conséquent, plus préservé que ses pareils. Enfin, le dernier, grâce à ses moyens de locomotion plus puissants, pourra échapper avec plus de facilité, par la course ou le vol, à ses nombreux ennemis. Ces individus survivant aux autres, transmettront ces modifications avantageuses à leurs descendants, et, après un certain nombre de générations, nous aurons trois variétés, B, C et D. Ces avantages étant essentiellement utiles dans le combat pour la vie, s'accentueront davantage. Les parties internes de l'organisme se modifieront en même temps que les parties externes. Les éléments sexuels eux-mêmes participeront forcément à ces modifications, et il arrivera un moment où B, C et D ne se reproduiront plus entre eux, ou, s'il se reproduisent, donneront naissance à des produits stériles. A ce moment, B, C et D seront devenus trois espèces distinctes, et auront presque toujours entraîné la disparition de leur souche unique A, qui, par l'absence de modifications avantageuses, n'aura pu résister comme eux dans la lutte pour l'existence.

Si nous étendons ce raisonnement à toutes les espèces animales et végétales. Si nous considérons la très-grande variété des modifications qui peuvent être avantageuses dans la lutte pour l'existence. Si nous admettons des périodes de temps énormes pour la transmission de ces modifications et le perfectionnement des organismes. Si nous supposons, enfin, des changements importants dans les conditions si variées du milieu ambiant, nous comprendrons, sans difficulté, que toutes les espèces ont pu provenir d'une seule forme primordiale.

Tous les faits précédents montrent qu'il se livre, chez les animaux et les végétaux, un incessant combat pour l'existence. Les espèces les mieux préparées pour ce combat résistent ; les autres sont impitoyablement anéanties. La nature fait donc à notre insu, d'une manière imperceptible, mais pendant des périodes de temps considérables, un choix, une sélection des espèces qui doivent remporter la victoire dans la lutte pour l'existence ; ce choix, c'est la *sélection naturelle*, principe sur lequel repose la théorie darwinienne. A côté de la sélection naturelle se trouvent encore deux autres modes de sélection, que j'exposerai plus complètement dans mes Causeries ultérieures. L'une est la *sélection sexuelle*, qui détermine des variations chez les mâles, par la rivalité et les combats qu'ils ont entre eux pour la possession des femelles. L'autre est la *sélection artificielle*, ou choix, fait par l'homme, des reproducteurs présentant à un plus haut degré les caractères qu'il veut propager, sélection au moyen de laquelle il est arrivé à produire ces variétés et ces races si nombreuses et si distinctes, chez les animaux domestiques et chez les plantes cultivées. En résumé, la sélection naturelle et la sélection artificielle sont des procédés absolument identiques. Dans l'une, c'est la nature qui fait un choix inconscient des individus destinés à se perpétuer ; dans l'autre, c'est l'homme qui fait un choix systématique des individus qu'il a le plus d'intérêt à multiplier.

Le facteur essentiel des modifications opérées par la sélection naturelle est le temps. D'ailleurs, nous savons parfaitement aujourd'hui que lorsqu'on évalue la durée des périodes géologiques, c'est par milliers de siècles qu'il faut parler. Aussi, est-il vraiment puéril d'opposer au transformisme ce fait que les Ibis momifiés et les Blés, trouvés dans des cercueils égyptiens, sont semblables à ceux de nos jours, car ces Ibis et ces Blés datent à peine de plusieurs milliers d'années, et proviennent d'un pays qui, depuis l'époque où ils ont vécu, n'a subi, ni dans son climat, ni dans ses autres conditions particulières, aucune variation qui vaille la peine d'être mentionnée.

A côté de la sélection naturelle, il faut indiquer aussi les changements dans les conditions du milieu ambiant, changements qui ont également une influence très-grande sur la formation des espèces. On connait de nombreux exemples de cette action modificatrice. J'en citerai seulement quelques-uns. Ainsi, en Syrie, en Perse, tous les mammifères, même ceux de provenance étrangère, se revêtent d'un long poil blanc. En Corse, les Chiens et les Chevaux se couvrent de taches. Dans l'île de Cuba, les Porcs ont doublé de grosseur ; leurs oreilles sont devenues droites, et leurs soies ont pris une couleur noire, etc. etc.

Ces faits, que je pourrais multiplier à l'infini, nous prouvent que les espèces varient. C'est là un point indiscutable aujourd'hui. Mais pour que ces variations soient appréciables, il faut la très-longue influence de la sélection naturelle, déterminée par le combat pour la vie, ou des modifications notables dans le milieu ambiant, telles que l'isolement, les influences climatologiques, etc.— La totalité des végétaux et des animaux, y compris l'Homme lui même, proviennent donc d'une forme primordiale unique, d'une petite masse de protoplasma, sans membrane, sans noyau, c'est-à-dire d'un organisme d'une extrême simplicité, qui a été formé lui-même par la matière inorganique, sous la *seule* influence de forces physico-chimiques se manifestant dans des conditions toutes particulières.

On a souvent fait dire aux transformistes que l'Homme descendait du Singe, probablement pour tourner en ridicule cette doctrine et l'empêcher de se propager, moyen qui, hélas, réussit presque toujours dans notre pays, quelquefois trop spirituel. Ceux qui soutiennent une telle affirmation se décernent gratuitement un brevet d'ignorance, en montrant qu'ils ne comprennent pas le fond de la doctrine transformiste. Une théorie qui prétendrait que l'Ane se transforme en Cheval, ou le Singe en Homme, ne mériterait pas d'être discutée un seul instant. Les transformistes disent, au contraire, et l'ensemble des faits leur donne raison, que l'Ane et le Cheval, le Singe et l'Homme, ne proviennent pas l'un de l'autre, mais d'ancêtres communs, disparus depuis fort longtemps. De même, dans mon exemple précédent, B, C et D ne dérivent pas les uns des autres, mais d'un ancêtre commun A. En résumé, et c'est là un point essentiel, nous devons dire que toutes les espèces animales et végétales actuelles, derniers résultats de très-longues transformations, ne proviennent pas les unes des autres, mais de milliers de types ancestraux, disparus aujourd'hui, et dont nous retrouvons les débris dans les profondeurs de notre globe. Je ne saurais trouver de meilleure comparaison qu'un arbre, dont les extrémités de deux branches voisines ne proviennent pas l'une de l'autre, mais d'une branche commune, laquelle provient d'une autre branche inférieure, et ainsi de suite, de telle sorte que toutes les extrémités des branches de cet arbre ont pour origine commune un tronc unique.

Quelques personnes ont aussi prétendu que du moment où les espèces variaient, la science systématique ne pouvait plus exister. C'est là une affirmation véritablement enfantine, puisque l'on sait qu'il faut des temps énormes par la sélection naturelle, ou des changements importants du milieu ambiant, pour modifier les espèces d'une façon appréciable. D'ailleurs, le transformisme a toujours admis que les variations se produisaient seulement dans des circonstances particulières, et qu'à ces variations succédaient parfois de longues périodes de fixité. Nous pouvons donc continuer, comme par le passé, à étudier, à déterminer, à décrire et à classer tous les animaux et tous les végétaux, car nous sommes à peu près certains que nos descriptions resteront exactes pendant des siècles, ce qui est assurément consolant. Je dirai même que nous devons décrire les espèces avec un soin tout particulier, afin que si des variations venaient à se produire plus tard, ces variations puissent être reconnues par les naturalistes de l'avenir.

Il ne faudrait pas croire, Messieurs, que la doctrine transformiste ne soit qu'une hypothèse ingénieuse, une explication simple et satisfaisante pour l'esprit de la formation du monde animal et du monde végétal. Cette doctrine est en harmonie avec toutes les grandes théories de la science contemporaine, et, sans elle, les sciences naturelles ne seraient qu'un amas de faits, sans lien et sans explication. Elle repose, comme nous l'avons déjà vu, sur des observations bien établies. La lutte pour l'existence, l'adaptation des organismes aux différents milieux, les transitions entre les variétés et les espèces, la formation de ces dernières, la transmission, par l'hérédité, des particularités physiques et morales des ancêtres, le perfectionnement des organismes, etc., sont des faits maintes fois observés et dûment constatés. Un grand nombre de preuves tirées de la paléontologie, de l'embryologie, de l'atavisme, des organes rudimentaires, du mimétisme, de la distribution géographique des animaux, etc., viennent, en outre, confirmer la doctrine de l'évolution. D'ailleurs, j'aurai plus tard l'occasion de revenir en détail sur tous ces faits. Aujourd'hui, je me borne à vous faire l'exposé de la doctrine transformiste, et je me hâte, pour ne point trop abuser de votre bienveillante attention.

Le transformisme a été l'objet, comme je l'ai dit précédemment, d'attaques très-vives et de nombreuses critiques. La plupart d'entre elles sont du domaine de la théologie ou de la morale. On repousse la doctrine transformiste parce qu'on la considère comme irréligieuse et en désaccord avec les principes admis, sans conteste, dans les textes sacrés ou dans les ouvrages de certains moralistes. Je me crois parfaitement autorisé à passer entièrement sous silence de semblables critiques, car à des faits scientifiques dûment constatés on ne doit opposer que des faits de même genre. Quant aux objections scientifiques, c'est-à-dire sérieuses, que l'on a faites au transformisme, je les examinerai avec vous, d'une manière complète, dans ma dernière Causerie. Et cet examen nous sera d'autant plus facile, que nous aurons pu étudier nombre de faits secondaires, dont il m'est impossible de vous entretenir aujourd'hui. Cependant, parmi ces objections, il en est deux capitales que je tiens à signaler et à réfuter dès à présent :

1° Si, d'après la doctrine transformiste, toutes les espèces animales et végétales descendent d'une seule forme primordiale, pourquoi ne trouvons-nous pas, vivant encore à notre époque, ou, au moins, dans les couches géologiques, la série complète des innombrables types intermédiaires entre cette forme unique et les espèces actuelles ;

2° Comment se fait-il que les êtres vivants qui, selon la doctrine transformiste, progressent sans cesse depuis l'origine, n'aient pas tous atteint de nos jours un haut degré de perfection, et qu'il existe encore des organismes à tous les degrés de développement, depuis les plus inférieurs jusqu'à l'Homme.

Il est également facile de répondre à ces deux objections. En premier lieu, nous pouvons dire que si nous ne voyons pas actuellement, sur notre globe, la série complète des formes intermédiaires, c'est par le fait même de la sélection naturelle. En effet, cette sélection agit seulement lorsque des variations avantageuses se manifestent. Mais, parmi ces variations avantageuses, comme ce sont toujours les plus développées qui servent le mieux à soutenir la lutte pour l'existence, il en résulte que les nombreuses formes intermédiaires, moins bien douées sous ce rapport, ont depuis longtemps disparu.

En outre, la sélection naturelle, conservant et augmentant de plus en plus les particularités avantageuses, tend à produire une différenciation progressive, une division du travail physiologique, et, par cela même, un perfectionnement illimité qui amène l'extinction des types intermédiaires, moins perfectionnés que leurs descendants, pour ne laisser subsister que ces derniers.

En second lieu, il nous reste à expliquer pourquoi on ne retrouve pas, dans les couches géologiques, la série complète de ces types intermédiaires. Ce fait est la conséquence de deux causes bien distinctes. La première résulte des conditions nécessaires pour que la fossilisation des animaux et des végétaux se fasse complètement. On ne peut, en effet, s'attendre à rencontrer, dans les couches géologiques, que les restes des animaux et des plantes qui avaient des parties dures et résistantes. Aussi, retrouve-t-on à peine quelques vestiges isolés de ces innombrables organismes, tels que les infusoires, les méduses, les vers inférieurs, les mollusques nus, etc. Ajoutons qu'il y a eu, à toutes les périodes géologiques, des millions d'êtres dont les dépouilles ont été complètement anéanties, et que c'est à un concours particulièrement heureux de circonstances, que nous possédons les débris d'un certain nombre d'entre eux. La seconde cause tient à l'imperfection de nos archives paléontologiques. Quand on songe que près des trois quarts des couches terrestres sont enfouies sous les mers, et par cela même inaccessibles aux recherches. Quand on songe, d'autre part, à la très-petite superficie de la surface terrestre, assez profondément entaillée pour que nous puissions étudier les différents terrains, on comprend aisément combien est grande la quantité d'animaux et de végétaux, totalement inconnus aujourd'hui, dont les profondeurs de notre globe recèlent les débris. Néanmoins, nous possédons déjà un certain nombre de types intermédiaires des plus précieux et des plus convaincants. Les Labyrinthodontes, des formations carbonifères, permiennes et triasiques, réunissaient, d'une façon remarquable, les caractères distinctifs des poissons ganoïdes et des batraciens urodèles. L'*Archaeopteryx lithographica*, des schistes de Solenhofen (Bavière), établit d'une manière si manifeste le passage des reptiles aux oiseaux, que l'on peut hésiter pour savoir si cet animal était un reptile couvert de plumes ou un oiseau à caractères reptiliens. Dans la craie, en Amérique, on a trouvé des oiseaux, les Odontornithes, qui avaient des dents sur leurs mâchoires prolongées en forme de bec. Au Cap de Bonne-Espérance, on a découvert des reptiles fossiles, désignés sous le nom de Thériodontes, qui, par la conformation de leurs pieds et leur système dentaire, se rapprochaient beaucoup des mammifères carnivores, etc. Ces quelques exemples, dont le nombre est très-grand aujourd'hui, suffisent, je crois, pour réfuter cette première objection.

Quant à la seconde objection, celle qui demande au transformisme pourquoi tous les êtres vivants ne sont pas arrivés aujourd'hui à un degré relativement élevé d'organisation, elle trouve son explication dans la lutte même pour l'existence. En effet, les modifications avantageuses à l'animal, dans les incessants combats qu'il doit soutenir pour sa propre vie, sont parfois des modifications contraires au progrès général. On connait des centaines d'exemples de ce fait : j'en citerai seulement deux ou trois. Ainsi, parmi les vers marins libres, quelques-uns auront pu échapper plus facilement à leurs ennemis en se cachant dans la vase ou dans le sable. Cette particularité des mœurs étant essentiellement utile à l'animal dans la lutte pour l'existence, s'est transmise à ses descendants, qui se sont enterrés de plus en plus et ont fini par se construire un tube calcaire, membraneux, ou formé de substances étrangères très-variées, pour se protéger davantage contre leurs ennemis. Mais alors certains organes, ceux de la locomotion par exemple, ne fonctionnant plus, se sont atrophiés peu à peu, de génération en génération, et ont même fini par disparaître complètement. Dans ce cas, la sélection naturelle a dégradé l'animal au lieu de le faire progresser. Il en est de même de tous les animaux qui étaient originellement libres, et qui se sont fixés, trouvant dans ce mode de vie particulier un avantage important pour la conservation de l'individu et de l'espèce. Certains crustacés parasites, primitivement libres, se sont fixés sur le corps d'autres animaux, où ils soutenaient bien plus facilement la lutte pour l'existence. La vie de parasite étant très-favorable à l'individu, le parasitisme s'est transmis de génération en génération, et, comme conséquence forcée de ce mode de vie spécial, les pattes, les antennes, etc., se sont complètement atrophiées, tandis que les autres organes éprouvaient des modifications en rapport avec le milieu nouveau. Citons encore les parasites internes et externes de l'Homme et des animaux, qui étaient libres à l'origine, et dont la plupart des organes se sont atrophiés peu à peu, par suite de cette existence parasitaire, en causant ainsi une dégradation générale de l'organisme. On ne peut expliquer cette dégradation que par la lutte pour l'existence et la sélection naturelle, à moins d'admettre, comme certains naturalistes n'ont pas craint de l'affirmer, que chaque animal avait été créé avec la collection complète de ses parasites internes et externes. — Je n'insiste pas sur l'insanité de cette dernière hypothèse. Ajoutons qu'il y a des organismes qui sont soustraits à l'action de toute lutte pour l'existence, par l'extrême simplicité de leurs conditions vitales, et qui, par ce fait même, ne peuvent jamais progresser.

En définitive, aucun organisme n'est parfait d'une façon absolue, mais tous sont parfaitement adaptés au milieu dans lequel ils vivent.

Tels sont, Messieurs, les points principaux de la doctrine transformiste, dont nous étudierons les détails dans des Causeries ultérieures. Cette doctrine nous montre comment tous les végétaux et tous les animaux, y compris l'Homme, ont pu provenir d'une seule forme primordiale des plus inférieures, laquelle a donné naissance à des organismes qui, se différenciant peu à peu, ont produit, après des milliers et des milliers de siècles, les espèces si variées que nous observons aujourd'hui.

Mais cette forme primitive provient elle-même de la matière minérale, de la matière inorganique. A l'origine, notre planète était purement minérale et soumise à de très-hautes températures qui rendaient impossible la vie d'un être quelconque. Les premiers organismes n'ont donc pu se former qu'aux dépens de composés inorganiques, au sein des premiers océans, et grâce à un concours favorable de forces physico-chimiques, forces qui régissent à *elles seules* le monde animé et le monde minéral.

Cependant, un éminent botaniste, M. Ph. Van Tieghem (1), a émis récemment l'opinion que notre planète avait été peuplée d'organismes par la chute d'un ou de plusieurs météorites, dans lesquels on a cru constater, il y a quelques années, la présence de matières organiques. Je ne saurais partager cette manière de voir, car la très-haute température des météorites, produite par leur passage à travers les couches atmosphériques, s'oppose à la vie des organismes. D'ailleurs, ce mode d'ensemencement, par son caractère tellement local et le petit nombre de chances de propagation qu'auraient les organismes renfermés dans ces météorites, rend fort peu satisfaisante une telle explication.

Quant à l'hypothèse de l'éternité de la vie, elle au-

(1) Ph. Van Tieghem. — *Traité de Botanique.* — Paris, F. Savy, 1884, p. 982.

rait sans doute beaucoup de partisans, si elle n'était en contradiction avec nos connaissances sur la formation des mondes. Nous savons, en effet, que les mondes passent, avant d'arriver à l'état solide, par les états gazeux et liquide, et qu'ils sont soumis alors à des températures extrêmement élevées, qu'aucun être vivant ne pourrait supporter.

Nos connaissances actuelles nous autorisent donc à croire que la vie a eu un commencement, et il est logique et rationnel de supposer que ce sont les matériaux terrestres eux-mêmes qui, dans des circonstances toutes spéciales, n'existant plus à notre époque, et sous la *seule* action de forces physico-chimiques, ont donné naissance aux organismes primordiaux, apparus sur de très-vastes étendues, au sein des premiers océans.

(1) « Si la matière vivante est dérivée de la matière inerte, comme la science contemporaine nous conduit à l'affirmer, quelle est donc l'origine de la matière inerte ?

« La chimie nous apprend que tous les corps inorganiques, c'est-à-dire minéraux, ne sont que des composés d'un certain nombre de métalloïdes et de métaux, jusqu'alors indécomposables, et désignés sous le nom de corps simples. Mais ces corps simples ne sont peut-être eux-mêmes que des modifications particulières d'une substance unique, fonda-

---

(1) Tout ce passage guillemeté n'a pas été lu en séance, parce qu'il a trait à des questions religieuses, proscrites par les statuts de la Société.

mentale ; et il est permis de supposer que la science arrivera un jour à démontrer l'unité de la matière. D'ailleurs, que la matière minérale soit formée par un ou plusieurs éléments indécomposables, le problème de son origine n'en reste pas moins le même. Ce problème qui est, sans conteste, le plus grand de tous ceux que l'intelligence humaine se soit posés, appartient au domaine de la métaphysique et des religions. Je sais qu'il est pour moi bien téméraire de vouloir l'aborder ; mais je sais, d'autre part, que l'on a souvent reproché à des savants, non sans raison, d'arrêter leurs raisonnements à moitié chemin, sans vouloir conclure. La franchise et la sincérité que j'apporte dans tous mes écrits n'ont pas voulu me faire mériter ce reproche.

« Pour expliquer l'origine de la matière et de la force, c'est-à-dire l'origine de l'univers et des forces physico-chimiques qui l'animent, nous pouvons faire deux hypothèses :

« 1° Ou l'univers a été créé par une force supérieure, éternelle, consciente, que nous appelons Dieu. C'est la doctrine déiste ;

« 2° Ou l'univers n'a jamais été créé, mais a toujours existé et existera toujours. C'est la doctrine matérialiste ou réaliste.

« Ainsi que nous l'avons déjà fait pour le problème de l'origine des espèces, examinons ces deux hypothèses l'une après l'autre, et voyons quelle est la plus logique et la plus rationnelle.

« Si l'on admet la doctrine déiste, il faut supposer

qu'une force, existant de toute éternité ou surgissant tout à coup du néant, c'est-à-dire de *rien*, a créé l'univers *avec rien*, car il n'y a *rien* dans le néant, et c'est du néant, suivant cette doctrine, que l'univers a été tiré. Or, *rien* ne pourra jamais produire *quelque chose*. Admettre qu'une force créatrice, aussi surnaturelle, aussi puissante, aussi incompréhensible que l'on voudra, puisse, *avec rien*, créer les mondes, c'est-à-dire quelque chose de réel, de visible, de palpable, c'est admettre une impossibilité absolue. Il est inadmissible, je le répète, de supposer que de *rien* puisse provenir *quelque chose*. Ajoutons que cette force créatrice n'a jamais donné le moindre signe de son existence, et ne saurait être admise que par la foi, c'est-à-dire d'une manière aveugle, et sans discussion aucune.

« Nous n'avons plus alors que la deuxième hypothèse, celle qui admet que l'univers a toujours existé. Cette hypothèse est certainement beaucoup plus rationnelle que la précédente. Pourquoi, en effet, ne pas vouloir admettre que l'univers a existé de toute éternité, mais supposer, au contraire, que l'univers a été créé *avec rien* par une force, existant elle-même de toute éternité ou surgissant tout à coup du néant, c'est-à-dire de *rien*. N'est-ce pas reculer bien inutilement le problème, pour le rendre plus complexe et plus inexplicable encore ?

« Certes, nous comprenons difficilement comment la matière et la force ont pu exister de toute éternité, et cela, parce que nous ne voyons autour de nous que des phénomènes bornés dans leur durée. La matière est dans un perpétuel état de transformation et donne naissance à des composés qui tous ont un commencement et une fin. Les nébuleuses, les étoiles, les planètes,subissent d'incessantes transformations, mais la matière qui les constitue, les forces physico-chimiques qui les animent, sont éternelles.

« L'idée de l'infini de l'espace est inséparable de l'idée de l'infini du temps. Si, par la pensée, nous nous dirigeons en ligne droite vers un point quelconque de l'espace, en franchissant les obstacles matériels qui se trouveraient sur notre route, nous irons ainsi éternellement. Comment supposer, en effet, que l'univers puisse avoir des bornes quelconques ? En admettant même, comme le croyaient les anciens, que l'univers fût une boule limitée de tous côtés par des parois, il faudrait admettre aussi que l'on trouve encore l'espace derrière ces parois, car une boule est forcément placée dans quelque chose. Quand nous parlons d'une limite quelconque, nous supposons toujours qu'il y a quelque chose derrière cette limite, ce qui nous oblige d'admettre que l'on trouve encore l'espace de l'autre côté de la dernière limite de l'univers. L'espace n'a donc point de limites. Le temps est également infini, car nous pouvons, par la pensée, remonter en arrière aussi loin que nous voudrons, jamais nous n'atteindrons l'origine de l'univers. Il est donc facile et rationnel d'admettre l'éternité et l'infini de l'univers, puisque ses conditions d'existence, l'espace et le temps, sont elles-mêmes infinies. En résumé, l'univers n'a jamais été créé. Il n'a pas eu de commencement et n'aura jamais de fin. Il a toujours existé et il existera toujours.

« Cette conception si simple de l'immortalité de la matière et de la force ne peut pas être comprise immédiatement, parce que tout ce qui nous entoure, ayant une existence limitée, nous enlève, pour ainsi dire, l'idée de l'infini. Mais plus on réfléchit à cette conception, plus elle semble évidente, et lorsque les derniers doutes se sont dissipés, on arrive à considérer l'hypothèse réaliste de l'origine de l'univers comme la plus probable et la plus satisfaisante pour la raison. Les doctrines réaliste et transformiste nous montrent donc que Dieu est une hypothèse irrationnelle et absolument inutile pour expliquer l'universalité des faits que nous connaissons.

« J'ai la conviction et le plus ferme espoir que le matérialisme scientifique, ou réalisme, et le transformisme seront adoptés, au siècle prochain, par la presque totalité des savants, et par ceux qui chercheront avec un esprit libre, c'est-à-dire dégagé de toute idée religieuse ou métaphysique préconçue, la solution de ces graves problèmes, dont aucun homme intelligent ne saurait se désintéresser complètement.

« Les premières familles humaines, chez lesquelles l'intelligence n'était encore qu'à son berceau, songeaient uniquement à satisfaire leurs besoins matériels. Plus tard, et certaines peuplades sauvages nous en offrent encore le témoignage, les hommes adorèrent les objets qui frappaient leurs sens, le soleil, la terre, le feu, l'eau. Aujourd'hui, les nations civilisées cherchent dans l'inconnu, dans le surnaturel et dans l'incompréhensible, l'origine de l'univers. Enfin, à la place des explications arbitraires de cette origine, admises par les différentes religions, explications qui sont en opposition formelle avec tous les faits connus, le réalisme et le transformisme donneront aux générations futures une explication vraie, positive, logique, de l'origine de l'univers, des perpétuelles transformations qui s'opèrent dans les mondes, et des forces physico-chimiques qui déterminent ces transformations si variées.

« Toutes les religions ne sont qu'un état transitoire, inévitable, entre les époques de barbarie et celles d'une haute culture intellectuelle. La foi sera toujours l'antipode de la raison, et les croyances religieuses, quelque morales, quelque consolantes qu'elles puissent être, devront un jour céder le pas à l'intérêt supérieur de la vérité. »

Je n'insiste pas davantage sur cette dernière hypothèse, que de récentes découvertes de chimie organique semblent pleinement confirmer, parce que ces vues hypothétiques, qui concernent le grand problème de l'origine de la vie, ne sont plus du domaine du transformisme.

Ces quelques lignes qui remplaçaient, dans les tirages à part destinés à la Société, le passage guillemeté précédent, ont été reproduites ici par le fait d'une erreur.

Avant de terminer cette première Causerie, je tiens, Messieurs, à vous remercier sincèrement de l'attention très-bienveillante avec laquelle vous m'avez écouté. Permettez-moi, de plus, d'adresser un hommage de respectueuse admiration à Lamarck, à Etienne-Geoffroy-Saint-Hilaire, à Charles Darwin, à ces puissants esprits qui ont établi le transformisme, cette conception si grandiose et si simple à la fois, et aux plus illustres de leurs successeurs, à Alfred Russel Wallace, Huxley, sir John Lubbock, Haeckel, Karl Vogt, Oscar Schmidt, les deux Kowalewski, Edmond Perrier et Albert Gaudry.

P. S. — Je tiens aussi à remercier vivement M. Bouchet, propriétaire de l'*Industriel elbeuvien*, qui a bien voulu donner asile à mes Causeries dans son excellent journal.

ERRATUM. — Charles Darwin est mort le 19 avril 1882 et non le 21 avril 1882, comme je l'ai dit au commencement de cette Causerie; cette dernière date étant indiquée par erreur dans *l'Année scientifique et industrielle*, de Louis Figuier (ann. 1882, p. 554), ouvrage dans lequel j'avais puisé ce renseignement.

Elbeuf. — Imp. ALLAIN ET LECLER, 3, rue Saint-Jacques.

Mélanges entomologiques, 3 *mémoires*, 1er *sem.* 1883, 2e *sem.* 1883, *et* 1er *et* 2e *sem.* 1884, in Bull. Soc. Amis Sciences natur. de Rouen, 1er sem. 1883, 2e sem. 1883, et 2e sem. 1884.

Les Myriopodes de la Normandie (1re *liste*), *suivie de Diagnoses d'Espèces et de Variétés nouvelles*, par le Dr Robert Latzel, in Bull. Soc. Amis Sciences natur. de Rouen, 2e sem. 1883, avec 1 pl. lithographiée.

Sur la manière de décrire et de représenter en couleur les animaux à reflets métalliques, in Bull. Assoc. franç. Avancement Sciences, Congrès de Rouen, ann. 1883, avec fig. dans le texte.

Note sur une Espèce nouvelle de Champignon entomogène (*Stilbum Kervillei*, Quélet), in Bull. Soc. Amis Sciences natur. de Rouen, 2e sem. 1883, avec 1 pl. en couleur.

Note sur les Crustacés Schizopodes de l'Estuaire de la Seine, suivie de la description d'une Espèce nouvelle de Mysis (*Mysis Kervillei*, G. O. Sars), par G. O. Sars, in Bull. Soc. Amis Sciences natur. de Rouen, 1er sem. 1885, avec 1 pl. gravée.

Aperçu de la faune actuelle de la Seine et de son embouchure, depuis Rouen jusqu'au Havre, in 2e vol. de *L'Estuaire de la Seine*, par G. Lennier. Le Havre, imp. du journal *Le Havre*, 1885.

Etc., etc.

www.ingramcontent.com/pod-product-compliance
Lightning Source LLC
LaVergne TN
LVHW012014160826
845678LV00002B/823

* 9 7 8 2 3 2 9 6 6 0 1 2 7 *